Bibliografische Information der Deutschen Nationalbibliothek:

Die Deutsche Bibliothek verzeichnet diese Publikation in der Deutschen National-
bibliografie; detaillierte bibliografische Daten sind im Internet über http://dnb.d-
nb.de/ abrufbar.

Impressum:

Copyright © 2010 GRIN Verlag, Open Publishing GmbH
Druck und Bindung: Books on Demand GmbH, Norderstedt Germany
ISBN: 9783640649037

Dieses Buch bei GRIN:

http://www.grin.com/de/e-book/150519/prismen-klasse-8

Sandra Markgraf

Prismen Klasse 8

Didaktische Ausarbeitung

GRIN Verlag

GRIN - Your knowledge has value

Der GRIN Verlag publiziert seit 1998 wissenschaftliche Arbeiten von Studenten, Hochschullehrern und anderen Akademikern als eBook und gedrucktes Buch. Die Verlagswebsite www.grin.com ist die ideale Plattform zur Veröffentlichung von Hausarbeiten, Abschlussarbeiten, wissenschaftlichen Aufsätzen, Dissertationen und Fachbüchern.

Besuchen Sie uns im Internet:

http://www.grin.com/

http://www.facebook.com/grincom

http://www.twitter.com/grin_com

Didaktische
Ausarbeitung

Prismen Klasse 8

12.01.2010

Inhaltsverzeichnis

1. Kompetenzen und Lehrplan

1.1 Zentrale Kompetenzen des Mathematikunterrichts

In den Bildungsstandards sind sechs allgemeine Kompetenzen des Mathematikunterrichts definiert, die durch das Bearbeiten von Aufgaben ausgebildet werden sollen:

K1: Mathematisch argumentieren

K2: Probleme mathematisch lösen

K3: Mathematisch modellieren

K4: Mathematische Darstellungen verwenden

K5: Mit Mathematik symbolisch, formal und technisch umgehen

K6: Mathematisch kommunizieren

Die Frage ist jedoch, ob es überhaupt einen Rahmen zur Einteilung der Kompetenzen gibt? Die Bildungsstandards fassen diese Kompetenzen in drei Anforderungsbereichen zusammen; aber was ist überhaupt mathematisches Arbeiten? Kann es strukturiert werden und wenn ja, wie? Sind diese Kompetenzen wichtig für die Entwicklung der Fähigkeiten und Fertigkeiten der Schüler? Diese Fragen können nur schwer beantwortet werden; dies ist Aufgabe der Mathematik-Didaktik.

Die oben genannten Kompetenzen selbst sind „so formuliert, dass sie nah am mathematischen Arbeiten im Unterricht angesiedelt sind." (Köller (Hrsg.): Bildungsstandards Mathematik: konkret, S. 33). Es reicht aber nicht, sich nur nach den Kompetenzen zu richten, sie dienen lediglich als Anhaltspunkte.

Im Folgenden möchte ich kurz auf die einzelnen Kompetenzen eingehen.

a) *Mathematisch argumentieren*

Hier geht es darum, dass die Schülerinnen und Schüler lernen, wie mathematische Aussagen zu logischen

1

Argumentationsketten verknüpft werden; außerdem sollen sie mathematische Argumentationen verstehen und kritisch bewerten. Darüberhinaus sollen die Schülerinnen und Schüler zu der Einsicht gelangen, dass einige Begründungsmuster eine Allgemeingültigkeit besitzen. Diese Fähigkeiten müssen während der gesamten Schulzeit erlernt und angewendet werden.

b)   *Probleme mathematisch lösen*

Immer dann, wenn eine Lösungsstruktur noch nicht bekannt ist, wird ein strategisches Vorgehen notwendig. Erlernt werden sollen geeignete Strategien, die zur Auffindung mathematischer Lösungsideen oder –wege führen und die Fähigkeit zur Reflexion darüber.

c)   *Mathematisch modellieren*

Die Schülerinnen und Schüler sollen lernen, eine Situation aus der Realität in ein mathematisches Modell zu wandeln und dieses zu lösen. Darüberhinaus sollen sie mathematische Vorgänge in der Realität erkennen und bewerten können.

d)   *Mathematische Darstellungen verwenden*

Dieser Bereich umfasst die Fähigkeit, selbstständig Darstellungen mathematischer Gegenstände zu erzeugen sowie mit bereits vorhandenen Repräsentationen (Modelle von Körpern bspw.) umgehen zu können. Grafische Darstellungen sind ebenso bedeutsam wie Formeln, sprachliche Darstellungen, Handlungen oder Programme.

e)   *Mit Mathematik symbolisch, formal und technisch umgehen*

Hierbei geht es um den Gebrauch von mathematischen Fakten oder Fertigkeiten. Fakten sind das Wissen, dass es z.B. Formeln gibt, Fertigkeiten sind das Wissen, wie etwas gemacht werden muss.

f)   *Mathematisch kommunizieren*

Diese Kompetenz umfasst das Verstehen von Texten oder mündlichen Aussagen zur Mathematik und das verständliche schriftliche oder mündliche Darstellen und Präsentieren von Überlegungen, Lösungswegen und Ergebnissen.

1.2 Prismen im Lehrplan

Prismen werden im Bildungsplan der Leitidee Raum und Form zugeordnet. Die gesamte Leitidee lautet:

„Leitidee Raum und Form

Die Schülerinnen und Schüler können

- geometrische Zusammenhänge mithilfe von bekannten Strukturen erschließen und sie algebraisch veranschaulichen und darstellen;

- rechnerische Beziehungen zwischen Seitenlängen, Flächeninhalt und Volumina herstellen;

- Körper darstellen und aus ebenen Darstellungen erkennen;

- Lagebeziehungen geometrischer Objekte erkennen, beschreiben und begründen und sie beim Problemlösen nutzen;

- bei Konstruktionen, Berechnungen und einfachen Beweisen Sätze der Geometrie anwenden.

- *Vielecke – Dreieck, Trapez, Parallelogramm*

- *Gerade Prismen – Netze, Schrägbilder, Körpermodelle*"

In Bezug auf Prismen können alle Unterpunkte der Leitidee angewendet werden.

2. Die Unterrichtseinheit Prismen

2.1 Definition und Lernvoraussetzungen

Eine allgemeine Definition lautet:

„Prismen besitzen zwei kongruente und zueinander parallele n-Ecke als Grund- und Deckfläche und n Rechtecke (bei schrägen Prismen Parallelogramme) als Seitenflächen. Je nach Regelmäßigkeit des n-Ecks der Grund- und Deckfläche ergeben sich regelmäßige oder auch unregelmäßige Prismen."

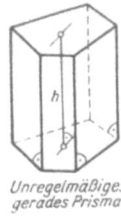

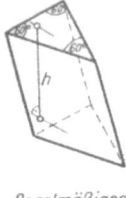

Unregelmäßiges
gerades Prisma

Regelmäßiges
schiefes Prisma

Je nach Größe des Neigungswinkels zwischen Grundfläche und Seitenflächen spricht man von einem geraden Prisma ($\alpha = 90°$) oder von einem schrägen Prisma ($\alpha \neq 90°$).

Besondere Prismen sind der Würfel, dessen Grund-, Deck- und Seitenflächen kongruent sind und der Quader, der als Seitenflächen sechs Rechtecke hat, von denen jeweils die zwei sich gegenüberliegenden kongruent und parallel sind.

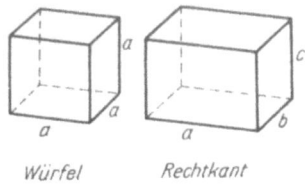

Würfel   Rechtkant

Voraussetzungen für die Berechnung von Prismen sind:

* Beherrschen der Multiplikation

* Umrechnen verschiedener Maßeinheiten: Flächeninhalte und Rauminhalte

4

- Räumliches Vorstellungsvermögen der Körper, soweit keine Skizze gegeben ist

- Das Herstellen einer Skizze und das Eintragen gegebener Größen

- Die Berechnung vom Flächeninhalt verschiedener Flächen (Dreieck, n-Eck mittels Zerlegung in bekannte Formen)

- Die Berechnung des Volumens von Quader und Würfel

Darauf aufbauend, insbesondere auf die Berechnung des Volumens von einem Quader, kann die Berechnung vom Rauminhalt eines Prismas hergeleitet werden.

Es geht nicht nur um die rein stupide Berechnung von Rauminhalt und Oberflächeninhalt; die Schülerinnen und Schüler müssen auch den Transfer zu alltäglichen Situationen leisten.

Einige Beispiele:

1) Beim Kofferpacken für den Urlaub ist zu überlegen, wie viel Platz im Auto vorhanden ist und wie die verschiedenen Gepäckstücke im Kofferraum untergebracht werden können. Dazu muss eine Vorstellung von Größenrelationen vorhanden sein (wie viele Koffer passen überhaupt in den Kofferraum?) und es muss überlegt werden, wie am Besten gestaut wird, damit die Ladung nicht verrutscht (schwere Gepäckstücke müssen nach unten [Transfer: Berechnung des Gewichts eines Würfels mit der Kantenlänge a und der Dichte φ], quadratische Gepäckstücke lassen sich leichter stauen). Gleiches beim Einkauf.

2) Beim Verpacken eines Geschenkes kann exakt bestimmt werden, wie viel Papier verwendet werden muss. Dazu müssen die Schüler den Oberflächeninhalt der Geschenkverpackung (meist in Form eines Quaders, manchmal auch ein Prisma mit dreieckiger Grundseite oder einem n-Eck als Grundseite) berechnen können.

3) Überall begegnen einem Prismen: neuartige Bauwerke haben manchmal die Form eines Prismas, Verpackungen sind in allen erdenklichen Formen zu finden (Toblerone bspw. nutzt ein Prisma mit dreieckiger Grundfläche, die Burger von Mac Donalds werden in Prismen aus Pappe verpackt,

Milchpackungen sind meist rechteckige Prismen, Tüten bestehen meist ebenfalls aus Prismen).

Allein wenn man die Geschichte der Menschheit genauer betrachtet, wird klar, dass Körperberechnungen und damit auch die Berechnung von Prismen essentiell für die heutigen Lebensformen der Menschheit sind. Ohne dieses Verständnis gäbe es heute keine Pyramiden von Gizeh, Eskimos würden keine Iglus bauen und die Maya hätten nie so großartige Tempel gebaut.

2.2 Aufbau der Schulbuchreihe „Schnittpunkt" vom Klett-Verlag

In Klasse 5 beginnen die Schüler und Schülerinnen zunächst mit der Klärung grundsätzlicher Begriffe. Es werden eingeführt:

- Strecken und Geraden

- Zueinander senkrecht

- Parallel

- Das Quadratgitter (später Koordinatensystem genannt) und

- Entfernung und Abstand

Danach wird mit der Flächenberechnung von Rechteck und Quadrat begonnen. Zunächst sollen nur Flächeninhalte mithilfe von Einheitsquadraten miteinander verglichen werden, erst in Klasse 7 wird der Flächeninhalt genau berechnet. Gleiches Vorgehen auch beim Volumen von Würfel und Quader.

Die Schülerinnen und Schüler lernen so, Größen bezüglich ihrer Dimension abzuschätzen, sie entwickeln „Gefühl" dafür. Außerdem lernen sie, geeignete Größen zu Rechnen zu wählen und sie untereinander umzurechnen, aus Aufgaben wichtige Informationen herauszufiltern und Größen zu schätzen.

Außerdem wird das Schrägbild von Würfel und Quader eingeführt.

In Klasse 6 lernen die Schülerinnen und Schüler das Prisma, die Pyramide, Kegel, Zylinder und Kugel kennen. Hauptaugenmerk liegt hier auf dem Erkennen und beschreiben geometrischer Figuren sowie dem Zeichnen geometrischer Figuren. Außerdem lernen die Schülerinnen und Schüler den Umgang mit Geodreieck (Winkel) und Zirkel (Kreis und Kreisausschnitt).

In Klasse 7 werden die verschiedenen Formen des Dreiecks mit Konstruktionen und besonderen Punkten behandelt. Ebenfalls werden Vierecke, deren Konstruktion und die Winkelsumme durchgenommen.

Die Schülerinnen und Schüler lernen, Dreiecke zu konstruieren, bei Berechnungen einfache Sätze der Geometrie anzuwenden, Längen- und Winkelmessung anzuwenden und sie bilden eine Vorstellung von Zahlen, Größen und geometrischen Objekten. Sie erkennen Lagebeziehungen zwischen mehreren Objekten und können Konstruktionsanweisungen ausführen.

Erst in Klasse 8 kommt es schließlich zur genauen Berechnung von Flächeninhalten. Zunächst werden Quadrat und Rechteck behandelt, dann Parallelogramm und Raute vor Dreieck, Trapez und Vielecken. Außerdem werden erstmals Prismen eingeführt: Würfel und Quader, Netz und Oberfläche eines Prismas sowie Schrägbilder und schließlich auch das Volumen. Anschließend werden zusammengesetzte Körper eingeführt.

So erschließen die Schülerinnen und Schüler geometrische Zusammenhänge und veranschaulichen diese; sie können Beziehungen zwischen Seitenlängen, Flächeninhalt und Volumen herstellen, Lagebeziehungen erkennen, beschreiben und bei Problemlöseprozessen nutzen. Sie können mit den Formeln umgehen, variieren, verstehen und sie auf zusammengesetzte Figuren anwenden. Außerdem können sie Körper darstellen und sie aus ebenen Darstellungen erkennen.

Also Formeln werden eingeführt:

- Quadrat: $A = a \cdot a = a^2$; $U = 4a$

- Rechteck: $A = a \cdot b$; $U = 2 \cdot a + 2 \cdot b$

- Dreieck: $A = \frac{1}{2} \cdot g \cdot h_g$; $U = a + b + c$

- Parallelogramm: $A = g \cdot h_g$; $U = 2 \cdot a + 2 \cdot b$

- Trapez: $A = \frac{1}{2} \cdot (g + c) \cdot h$; $U = a + b + c + d$ (c ist die der

  Grundseite gegenüberliegende Seite)

- Vielecke: Zerlegung in bereits bekannte Figuren

- Würfel: $V = a^3$; $U = 6 \cdot a^2$

- Quader: $V = a \cdot b \cdot c$; $U = 2 \cdot (a \cdot b + b \cdot c + c \cdot a)$

7

- Prisma: $V = G \cdot h$; $A = 2 \cdot G + M$; $M = U \cdot h$

A = Oberfläche   G = Grundseite

U = Umfang   a, b, c, d = Seitenlängen

V = Volumen   g = Grundseite

M = Mantel   h = Höhe

3. Didaktische Überlegungen

3.1 Ein Konzept zum Unterricht

> „[Das] Hauptanliegen des Buches ist es, heuristisch gesteuerte Lernprozesse zum Aufbau der einschlägigen Berechnungsformen aufzuzeigen. Dem Schüler soll nicht fertige Mathematik vorgesetzt werden, er soll vielmehr einen Entdeckungsweg durchlaufen, der über Vermutungen, Proben und Kontrolle zur Einsicht in neue Bedingungen und so schließlich zum Ergebnis führt." [Fricke 1983, S. 8]

Ähnlich wie auch bei Flächeninhalten wird bei der Einführung des Rauminhaltes zunächst der Vergleich mehrerer Körper angesprochen. In der Grundschule werden zunächst Hohlkörper in Bezug auf Fassungsvermögen oder den „Rauminhalt" durch Umschütten von Wasser oder Sand verglichen; der „Rauminhalt" behält zunächst also seine Anschaulichkeit. Als nächstes werden zum Vergleich aber auch massive Körper herangezogen, die nicht gefüllt werden können. Hier wird oft das Gewicht bei gleichem Baumaterial oder die Verdrängung im Wasser genutzt. Daran wird im 5. Schuljahr angeknüpft und es wird festgestellt, dass dies keine geometrischen Vergleichsmethoden sind.

Das vorherige Vergleichen von Flächen erleichtert das Auffinden dieser Vergleichsmethoden sehr. Gegenständliches Arbeiten beispielsweise mit Steckwürfeln birgt gewisse Nachteile: Die Anfertigung eines Quaders aus Steckwürfeln würde zu einem einfachen Abzählen der für die verschiedenen Quader verwendeten Würfel führen, was aber keinen geometrischen Vergleich erfordert. Umgehen kann man dies, indem Quader oder Würfel aus zusammengesetzten Körpern wie Stäbe ohne Unterteilung (Cuisenairstäbe) gebaut werden. So können Körper durch Umformen verglichen werden, ohne genau abzählen zu können.

Nach diesen handwerklichen Arbeiten können nun auch rein zeichnerische Vergleichsaufgaben gestellt werden. Zwei Quader mit unterschiedlichen Kantenlängen sollen durch Einsetzen von Teilkörpern auf den Rauminhalt untersucht werden. So wird das Vergleichskriterium deutlich; wenn zwei Körper zerlegungsgleich sind, also in paarweise kongruente Teilkörper zerlegt werden können, haben sie den gleichen Rauminhalt.

Nun können bereits Vergleiche anderer Körper durchgeführt werden: Ein gerades dreiseitiges gerades Prisma lässt sich Zerschneiden in ein Quader umbauen. Dies führt zu einer neuen Erkenntnis, nämlich dass jedes gerade dreiseitiges gerades Prisma rauminhaltsgleich ist zu einem Quader mit gleicher Höhe und einer flächeninhaltsgleichen Grundfläche.

Bisher ging es nur um qualitative Vergleiche, nun soll aber auch der Rauminhalt gemessen werden. Dieser soll durch eine Maßzahl und eine Maßeinheit angegeben werden, was wiederum jene Maßeinheit benötigt. Hier wird der Zentimeterwürfel mit den Seitenlängen $a = 1cm$ eingeführt. Er bekommt die Maßzahl 1 und die Maßeinheit cm^3, Kubikzentimeter, das Volumen des Zentimeterwürfels beträgt also $1 cm^3$.

Mit diesem Zentimeterwürfel kann man nun einen Quader ausmessen. Mit Steckwürfeln wird das Ganze anschaulich, ansonsten muss man sich auf eine Zeichnung beschränken. Die Grundfläche wird zunächst längs einer Seite mit Einheitswürfeln ausgefüllt. Dann wird die gesamte Grundfläche mit diesen Stangen ausgefüllt. Zuletzt wird überprüft, wie viele solcher Würfelschichten übereinander passen. Aus diesem anschaulichen Beispiel wird dann eine anschauliche Formulierung für das Volumen:

$$V = \text{Größe der Grundschicht mal Anzahl der Schichten}$$

Mit dieser Formulierung können schon erste Experimente durchgeführt werden, wie zum Beispiel die Frage, ob jede der sechs Seiten mit Würfeln gefüllt werden kann. Bereits jetzt ist es sinnvoll, Umkehraufgaben zu rechen, zum Beispiel: Ein Quader hat das Volumen $V = 24 cm^3$, zwei Kanten sind $2cm$ und $3cm$ lang, wie lang ist die dritte Kante?

Durch diese anschauliche Formulierung kommen wir schließlich zur formalen Darstellung des Volumens. Ein Quader mit den Seitenlängen a, b und c hat die Grundschicht $a \cdot b$, die Anzahl der Schichten ist durch c gegeben. So ist erkennbar, dass das Volumen des Quaders

$$V = a \cdot b \cdot c \text{ oder } V = G \cdot h$$

sein muss. Wenn die Längen der Kanten in *cm* gegeben sind, erhalten wir so das Volumen in *cm³*. Da oftmals aber verschiedene Maßeinheiten angegeben sind, ist es sinnvoll, jetzt die Umrechnung zwischen den einzelnen Maßeinheiten einzuführen.

Wenn den Schülerinnen und Schülern die Bruchrechnung bekannt ist, können die Seitenlängen auch nicht-ganzzahlige Werte annehmen.

Hat man nun den Rauminhalt des Quaders bestimmt, kann man auch leicht den Rauminhalt eines geraden Prismas berechnen. Wir hatten schon herausgefunden, dass jedes dreiseitige gerade Prisma denselben Rauminhalt hat wie ein Quader mit gleicher Grundfläche und Höhe. Da für den Quader nun gilt

$$V = G \cdot h,$$

gilt dasselbe auch für das gerade dreiseitige Prisma. Dabei ist G der Flächeninhalt der Grundseite und h seine Höhe. Hat man nun aber kein dreiseitiges Prisma, sondern eines mit einem n-Eck als Grundfläche, so kann man dieses n-seitige Prisma durch Schnitte senkrecht zur Grundfläche in dreiseitige gerade Prismen zerlegen, dann die Teilvolumina der einzelnen Prismen berechnen und addieren.

4. Aufbau der Schulbücher aus verschiedenen Jahren

4.1 Breidenbach Mathematik 8. Schuljahr

- Westermann-Verlag, 1973

- Unterüberschrift: für die Sekundarstufe 1 (mittlere und obere Leistungsgruppen)

Das Buch besteht aus den Einheiten

1) Funktionen
2) Die Drehung
3) Das Viereck
4) Lineare Gleichungen und Ungleichungen
5) Vom Rechenstab
6) Zinsrechnung
7) Statistik
8) Permutationen (!)
9) Aus der Wahrscheinlichkeitsrechnung
10) Der Kreis
11) Gruppe, Ring, Körper (!)
12) Die kongruenten ebenen Abbildungen
13) Vektoren (!)
14) Einfache Bruchgleichungen und Bruchungleichungen
15) Berechnung von Flächen und Körpern

und umfasst 192 Seiten. Es ist in schwarz-weiß gehalten, einzig die Merksätze sind rot unterlegt. Es gibt einige Zeichnungen, doch vermittelt das Buch eher einen erschlagenden Eindruck.

Nach einigen Merkätzen folgt eine Begründung oder sogar ein Beweis, Beweise werden auch von den Schülerinnen und Schülern gefordert. Die meisten Kapitel beginnen mit einem Satz oder einer Definition, danach folgt ein Beispiel und schließlich Aufgaben zum Thema. Einige Kapitel weisen auch eine Einführung auf oder beginnen mit einem Beispiel.

Die gesamte Einheit „Berechnung von Flächen und Körpern" umfasst 12 Seiten, davon 1,5 Seiten für das gerade Prisma. Berechnet werden Prismen mit dreieckiger Grundseite, mit einem Quadrat oder einem Trapez als Grundseite.

Die Einheit ist die letzte in diesem Buch und das Prisma folgt auf die Berechnung von Rechteck/Quadrat mit Quader/Würfel, Dreieck, Vielecke und Scherung.

4.2 Mathematik 8

- Westermann-Verlag, 1980

- Keine genauere Vorgabe der Schulart

Das Buch besteht aus den Einheiten

1) Funktionen
2) Terme und Termumformungen
3) Geometrie I
4) Gleichungen und Ungleichungen
5) Geometrie II
6) Gleichungen und Ungleichungen in zwei Variablen (!)
7) Statistik

und umfasst 224 Seiten, davon 8 Seiten Anhang. Es gibt einige farbige Abbildungen, Diagramme oder Schaubilder sind in den Grundfarben dargestellt. Merksätze sind rot oder blau umrandet. Die Übungsaufgaben sind in zwei Spalten aufgeteilt, wodurch das Gesamtbild etwas unübersichtlich und überladen wird.

Auch hier gibt es zu fast jedem Merksatz einen Beweis, allerdings werden viel weniger Beweise von den Schülerinnen und Schülern gefordert. Die Einheiten beginnen fast alle mit einem Beispiel, die Unterthemen ebenfalls. Auf das Beispiel folgt der Merksatz, dann Übungen zum Thema.

Die Berechnung von Prismen fällt unter die Einheit „Geometrie I", welche 41 Seiten umfasst, davon 2,5 für Prismen (Oberfläche und Volumen). In dieser Einheit sind Prismen auch hier das letzte Thema. Vorher werden Kongruenzabbildungen, Kongruenzsätze, Eigenschaften von Parallelogrammen und Dreiecken sowie der Flächeninhalt behandelt.

4.3 Kurs Mathematik 8

- Diesterweg-Verlag, 1995

- Untertitel: „Genehmigt für den Gebrauch in Schulen"

Das Buch besteht aus den Einheiten

1) Taschenrechner und Computer (!)
2) Grundwissen
3) Prozentrechnen
4) Dreiecke, Vierecke
5) Zinsrechnung

6) Rationale Zahlen
7) Geometrie: Flächeninhalte
8) Schlussrechnen
9) Körpergeometrie
10) Gleichungen
11) Größen: Schaubilder, komplexe Sachaufgaben
12) Europa-Quartett (ein Spiel)
13) Konzentrationsübungen (!)

und umfasst 161 Seiten, davon 3 Seiten „Spickzettel", eine Formelsammlung. Vor dem ersten Kapitel sind einige spielerische Aufgaben, die den Stoff aus dem letzten Schuljahr wiederholen. Das Buch ist sehr bunt, teilweise sind ganze Seiten farbig, was den Eindruck hervorruft, die Schüler durch die Farbigkeit zum Lernen animieren zu wollen. Die Farben sind sehr kräftig und wirken eher abschreckend und überfrachtet. Es gibt viele farbige Abbildungen (Zeichnungen von Hand) und einige Farb-Fotos Nach jeder Einheit gibt es eine „Trimm-Dich"-Doppelseite mit mathematischen Rätseln oder Aufgaben, die nicht immer was mit dem vorhergehenden Thema zu tun haben. Merksätze sind gelb unterlegt, es wird aber darauf geachtet, dass das Thema immer mit einem Beispiel begonnen wird. Teilweise wird direkt zum Beispiel die Formel oder der Merksatz geliefert. Danach folgen einige Aufgaben und schließlich der Merksatz, sofern er nicht schon beim Beispiel stand. Dann folgen weitere Übungsaufgaben.

Begonnen wird die Einheit Körpergeometrie mit Schrägbildskizzen, gefolgt von Oberfläche und Volumen von Quadern, der Oberfläche von Säulen, dem Volumen des Zylinders, dem Volumen zusammengesetzter Körper und der Oberfläche und dem Volumen von Säulen, danach Pyramide und das Volumen des Kegels.

Die Einheit Körpergeometrie umfasst 16 Seiten. Im Inhaltsverzeichnis kommt die Überschrift „Oberflächen von Säulen" zwei Mal vor, was etwas verwirrend ist. Beim ersten Mal wird nur die Oberfläche von Säulen (=Prismen, Quader, Würfel, Zylinder) behandelt. Beim zweiten Mal steht über dem Kapitel eine andere Überschrift, nämlich „Oberfläche und Volumen von Säulen". Hier wird für jedes Prisma (wiederum Quader, Zylinder und Prismen mit einem Dreieck sowie einem Trapez als Grundfläche) eine eigene Formel angegeben.

4.4 Schnittpunkt 8

- Klett-Verlag, 2000
- Untertitel: „Mathematik für Realschulen Baden-Württemberg"

Das Buch besteht aus den Einheiten

1) Terme mit Variablen
2) Lineare Gleichungen
3) Vierecke. Vielecke
4) Bruchterme. Bruchgleichungen
5) Lineare Funktionen
6) Lineare Gleichungssysteme
7) Umfang. Flächeninhalt
8) Prisma
9) Prozentrechnen. Zinsrechnen

und umfasst 216 Seiten, davon 6 Seiten Lösungen. Vor dem ersten Kapitel sind einige Aufgaben zur Wiederholung des Stoffes aus dem letzten Schuljahr untergebracht. Das Buch wirkt erstmals übersichtlich, es gibt farbige Abbildungen, darunter auch Zeichnungen von Hand und Fotos. Merksätze stehen in einem schwarzen Kasten. Die verwendeten Farben sind nicht zu kräftig; die Aufgaben sind auf zwei Spalten pro Seite verteilt und nicht zu klein gedruckt. Nach jeder Einheit gibt es einen „Rückspiegel" mit Aufgaben aus der vorangegangenen Einheit mit Lösungen zur Selbstkontrolle. Außerdem gibt es einige Doppelseiten zu einem realitätsnahen Thema, bspw. „Die Kettenschaltung beim Fahrrad". Ein Thema beginnt mit einigen Aufgaben, die zum Nachdenken anregen sollen. Dann wird ein einfaches Beispiel gerechnet, anschließend kommt der Merksatz. Danach sind nochmals einige Beispiele dargestellt, bevor schließlich Aufgaben zum Thema abgedruckt sind.

Vor der Einheit Prisma werden Konstruktionen von Dreiecken und Vierecken durchgenommen, außerdem Umfang und Flächeninhalt von Quadrat/Rechteck, Parallelogramm, Dreieck, Trapez, Raute und Drachenviereck und Vielecken. Hier schließt die Einheit „Prisma" an mit 17 Seiten. Begonnen wird mit Würfel und Quader (Volumen und Oberfläche), gefolgt von Netz und Oberfläche allgemein, Schrägbildern und dem Volumen.

4.5 Mathematik konkret 4

- Cornelsen-Verlag, 2006

- Untertitel „Realschule Baden-Württemberg"

Dieses Buch besteht aus den Einheiten

1) Terme
2) Gleichungen

3) Funktionen
4) Lineare Gleichungssysteme
5) Daten
6) Berechnung an Vielecken
7) Prismen
8) Prozent- und Zinsrechnung

und umfasst 208 Seiten, davon 8 Seiten Lösungen und 4 Seiten Anhang (Methodenverzeichnis, Maßeinheiten). Dieses Buch ist wieder etwas bunter, es gibt viele Fotos und einige Abbildungen, die jedoch hauptsächlich mit dem Computer erstellt wurden. Merksätze sind rot unterlegt, Unterabschnitte haben blaue Überschriften (Beispiel, Übungen), Übungsaufgaben sind wieder in zwei Spalten aufgeteilt. Die verwendeten Farben sind angenehm zu betrachten, das Buch wirkt ziemlich übersichtlich.

Nach jeder Einheit folgt eine Zusammenfassung mit Training, dann eine Testrunde, zu welcher es Lösungen gibt. In einigen Kapiteln erscheint eine Doppelseite „Rätsel unterm Regenbogen" mit mathematischen Denkaufgaben

Jede Einheit beginnt mit einem Farbfoto über eine ganze Seite. Der Einstieg selbst erfolgt über eine Geschichte, die zum Thema führt. Meist folgt ein Schaubild, manchmal mit Fragestellung dazu, dann folgen ein Merksatz und Übungsaufgaben.

Die Einheit Prismen umfasst 19 Seiten; davor werden Rechteck, Parallelogramm, Trapez, Drachen, Raute und Dreieck behandelt (Flächeninhalt und Umfang). Begonnen wird mit einer Definition, es folgt das Schrägbild, Mantel und Oberfläche, Volumen und das Volumen eines Prismas mit Hohlraum.

4.6 Fazit

Die Schulbücher waren in den 1970er Jahren sehr umfangreich, bereits in Klasse 8 waren Themen aufgeführt, die heute teilweise nicht einmal in der gymnasialen Oberstufe vorkommen (Permutationen, Gruppen). Außerdem war wenig erklärt, die Formeln wurden nicht hergeleitet, sondern wurden einfach abgedruckt. Ich denke mir, dass der Prozess des Verstehens daher seltener gegeben war als heute.

Abbildungen waren auch eine Seltenheit, die Bücher bestanden fast nur aus Text und wirken auf mich daher erschlagend.

Je neuer die Bücher werden, desto mehr wird darauf geachtet, Zeichnungen, Bilder und Schaubilder einzufügen, um den Stoff anschaulicher zu machen. Außerdem wird versucht, keine Definitionen fallen zu lassen, sondern Formeln und Sätze durch Beispiele herzuleiten oder sogar von den Schülern entdecken zu lassen.

Allerdings schießt diese Absicht bei dem Buch „Kurs Mathematik 8" über das Ziel hinaus. Dieses Buch wirkt ebenfalls erschlagend, aber nicht wegen des Inhaltes, sondern wegen der Darstellung desselbigen. Zu viele Bilder, zu bunt, viel Text, alles sehr gedrängt. Es ist gut, dass die heutigen Mathematikbücher wieder davon abgekommen sind.

Das neueste Buch, „Mathematik konkret 4", ist sehr übersichtlich gestaltet und verfolgt meiner Meinung nach auch einen sinnvollen Aufbau. Außerdem ist mir positiv aufgefallen, dass es einige Beispiele aus der Realität gibt, bei denen Mathematik eine große Rolle spielt (so zum Beispiel der Bundestag). Die Zusammenfassungen am Ende jeden Kapitels halte ich ebenfalls für sehr sinnvoll, ebenso die mathematischen Rätsel, die nicht direkt etwas mit dem Thema zu tun haben, aber das mathematisch-logische Denken fordern und fördern.

5.   Anhang

- Literatur
- Aufgabenblätter zum Einstieg ins Thema Prismen

5.1 Literatur

1) Ministerium für Kultus, Jugend und Sport Baden-Württemberg: Bildungsplan für die Realschule, 2004.

2) Breidenbach Mathematik 8. Schuljahr. Braunschweig: Westermann-Verlag, 1972.

3) Mathematik 8. Braunschweig: Westermann-Verlag, 1980.

4) Kurs Mathematik 8. Frankfurt a. M.: Diesterweg-Verlag, 1995

5) Schnittpunkt 8, Mathematik für Realschulen Baden-Württemberg. Stuttgart: Klett-Verlag, 2000

6) Mathematik Konkret 4. Berlin: Cornelsen-Verlag, 2006

7) Schnittpunkt 4, Mathematik Baden-Württemberg. Stuttgart: Klett-Verlag, 2006.

8) Didaktik der Inhaltslehre; Arnold Fricke. Stuttgart: Klett-Verlag 1983

9) Mathematik leicht gemacht; Hans Kreul u.a. Frankfurt a.M.: Verlag Harri, 4. Auflage 1994

10) Bildungsstandards Mathematik: konkret; Blum/Drücke-Noe/Hartung/Köller (Hrsg.). Berlin: Cornelsen-Verlag 2006

11) Klett-Verlag: http://www.klett.de/sixcms/list.php?page=titelfamilie&titelfamilie=Schnittpunkt&modul=produktansicht&view=80881 (letzter Zugriff 07.01.2010)

Der Würfel und sein Volumen

Vor dir liegen ein großer Würfel und einige kleine Steckwürfel.
Versuche, das Volumen des großen Würfels mit Hilfe der kleinen
Steckwürfel herauszufinden. Kannst du deine Entdeckung auch
allgemein formulieren?

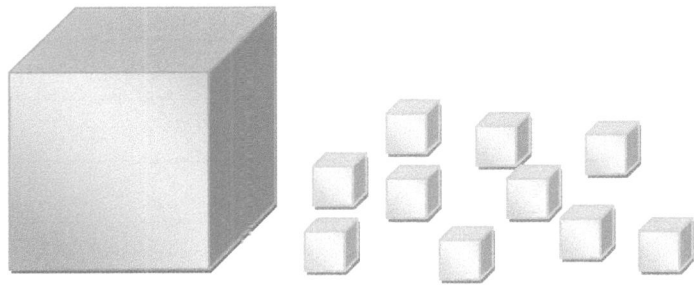

Notiere hier deine Ergebnisse:

_____

_____

_____

_____

Das Prisma und das Trapez

Vor dir liegt ein Prisma mit einem Dreieck als Grundfläche und eines mit einem Trapez als Grundfläche. Wie hängen die Volumina zusammen? Kannst du die Volumina berechnen?

Kannst du die Oberflächen der beiden Prismen berechnen?

Kannst du eine Formel aufstellen, die allgemein gültig ist?

Notiere hier deine Ergebnisse:

_____

_____

_____

_____

_____

 # Ein Parallelogramm wird zum Prisma

Vor dir liegt ein Prisma mit einem Dreieck als Grundfläche und eines mit einem Parallelogramm als Grundfläche Wie hängen die Volumina zusammen? Kannst du die Volumina berechnen?

Kannst du die Oberflächen der beiden Prismen berechnen?

Kannst du eine Formel aufstellen, die allgemein gültig ist?

Notiere hier deine Ergebrisse:

_____

_____

_____

_____

_____

Ein Sechseck als Prisma

Vor dir liegt ein Prisma mit einem Dreieck als Grundfläche und eines mit einem Sechseck als Grundfläche. Wie hängen die Volumina zusammen? Kannst du die Volumina berechnen?

Kannst du die Oberflächen der beiden Prismen berechnen?

Kannst du eine Formel aufstellen, die allgemein gültig ist?

Notiere hier deine Ergebnisse:

_____

_____

_____

_____

_____

Wasser als Messgröße

Vor dir liegen einige Hohlkörper, die du mit Wasser füllen
kannst. So kann man das Volumen dieser Körper vergleichen.

Stelle eine Reihenfolge vom kleinsten zum größten Körper auf.
Miss aus, wie oft ein kleinerer Körper in einen größeren passt
und notiere.

1._____

2._____

3._____

4._____

5._____

kleiner Körper	passt …. Mal in	großer Körper